森は地球の
たからもの 1

横浜国立大学名誉教授
宮脇　昭

森が泣いている

ゆまに書房

森が泣いている

森は地球のたからもの

1

もくじ

“本物の森”が つぎつぎ消えている

土地本来の森がある

最近“街に緑を”とか“木を植えて森をとりもどそう”というスローガンがよく聞かれます。なぜ緑が必要なのでしょう。また、なぜ森が少なくなっているのでしょう。

今から1万年〜数千年前、最後の氷河期《ひょうがき》が去ったあと、日本列島はその98%が森でおおわれていました。今も日本は緑の多い国ではないか、とみなさんは思う

ヤブツバキ

ヤツデ

モチノキ

ベニシダ

かもしれません。しかし、現在みなさんが身のまわりで目にする緑は土地本来の緑、本物の緑ではないものがほとんどです。芝生《しばふ》や並木《なみき》の多くは外来の植物です。またクヌギ、コナラなどの雑木林や、スギ、ヒノキなどが整然とならんでいる林も本物の森ではありません。

本物の森とは、その土地本来の森、ふるさとの木によるふるさとの森で、高木《こうぼく》、亜高木《あこうぼく》、低木《ていぼく》、下草《したくさ》が層《そう》をなして、多層《たそう》群落《ぐんらく》をつくっています。関東から西では、冬も緑の常緑広葉樹林《じょうりょくこうようじゅりん》で、シイ、タブ、カシ類が高木層をつくっています。高木層をささえる亜高木層にはヤブツバキ、モチノキ、シロダモ、カクレミノ、低木層にはアオキ、ヤツデ、ヒサカキ、下草としてヤブコウジ、ベニシダ、キヅタ、ヤブラン、ジャノヒゲなどが生育し、本物の森は緑が濃縮《のうしゅく》しています。緑の表面積は芝生の30倍ともいわれているほどです。

東北地方や北海道はブナやミズナラなど落葉広葉樹林《らくようこうようじゅりん》、本州の海ばつ1400～1600mくらいまでの山地はシラビソ、オオシラビソなどの亜高山性針葉樹林《あこうざんせいしんようじゅりん》、北海道の山地ではエゾマツ、トドマツ林が土地本来の本物の森です。

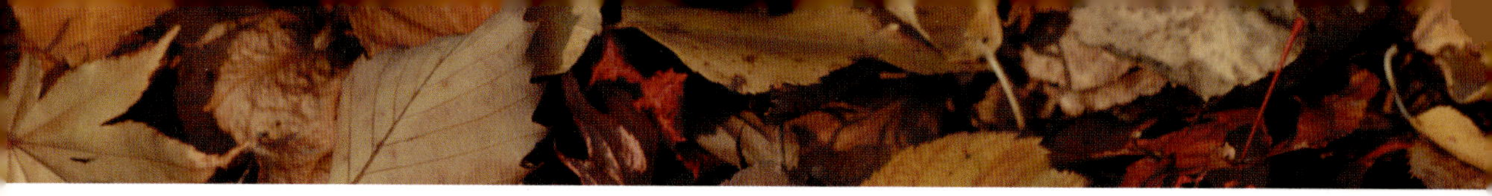

本来の森が消えている

郊外《こうがい》に見られるいわゆる里山《さとやま》の雑木林は、土地本来の常緑広葉樹林《じょうりょくこうようじゅりん》が長期にわたる人間活動の結果、落葉広葉樹林《らくようこうようじゅりん》に変わったものです。石炭、石油などの化石燃料《ねんりょう》のなかった時代、木炭やたきぎをとるために森の木は20年に1回くらいの割合《わりあい》で伐採《ばっさい》されていました。

また化学肥料《ひりょう》もまだなかったため、田んぼや畑にすきこむ有機肥料や、牛小屋などのしき草にするため、下草《したくさ》も2〜3年に一度の割合で刈《か》られていました。そのために土地本来の森の再生力はおとろえ、しだいに、もう少し北の方や海ばつ高度の高いところに生育していたクヌギ、コナラ、エゴノキ、ヤマザクラなどの落葉広葉樹がとって代わって生育し、樹林を形成するようになりました。土地本来の森ではありませんが、粗放的《そほうてき》であっても定期的、持続的に人間が手を加えることによって里山の雑木林は持続してきたのです。

ところが最近では、間伐《かんばつ》、下草刈りなどの手入れ、管理が不十分なためクズやネザサなどがしげり、あれてヤブのようになっているところも多いとなげかれています。

ヤマザクラ

ギリシャ・デルフォイの遺跡

本来の森をつくっている木々

タブ林

シイ・タブノキ・カシの照葉樹林

シラカシ林

急増した人工林

また山にはスギやヒノキが整然と植えられて、とんがり帽子《ぼうし》がならんだように見えます。スギ、ヒノキ、マツなどの針《しん》葉樹《ようじゅ》は広葉樹にくらべて一般《いっぱん》に競争力が弱く、もともとは山のてっぺんや急斜面《きゅうしゃめん》、水ぎわにわずかに自生していたにすぎないのです。しかし建築材《けんちくざい》としては役立つため、とくに第二次世界大戦後は戦争で焼けた家屋を再建する必要にせまられて、広葉樹林を伐採してまでも針葉樹が大々的に植えられました。整然と並《なら》んでかっこうよく見えますが人工林で、土地本来の森ではありません。

このように土地本来の森はきわめて少なくなっていますが、これは日本だけの現象ではありません。現在都市が発達している地域《ちいき》も、またかつて文明が繁栄《はんえい》していたところ、たとえばメソポタミア、エジプト、ギリシャ、ローマ帝国《ていこく》も、もともとは常緑の森におおわれていました。ところが今は砂ばく、半砂ばくや荒れ野になっています。なぜこのように、森がなくなってしまったのでしょうか。

森を焼きはらうことで人間は自然を征服《せいふく》した

人類が誕生《たんじょう》したのは、500万年前

地球は46億年前に誕生《たんじょう》した小さな星ですが、無限の宇宙《うちゅう》の中でたった一つ、生命がやどっているといわれています。原始の生命としてアフリカ南部のスワジランドから34億年前のラン藻《そう》の化石が発見されていますが、生命の誕生はさらにさかのぼり、42～40億年前であろうといわれています。生物ははじめ水中で生存《せいぞん》していましたが、5億年ほど前から陸地に上がって生活する生物があらわれました。そして、微生物《びせいぶつ》から植物、動物へと進化し、人類が誕生したのは500万年くらい前といわれています。みなさんと同じような骨組《ほねぐ》みをしたヒト属のヒトが出てから50万年とも10万年ともいわれます。

人類の歴史とはどのくらいの時間なのでしょうか。世界の学者がいろいろ計算していますが、地球に生命が誕生してから今日までの時間を1年とすれば、人類の歴史は大晦日《おおみそか》の除夜《じょや》のかねがなる前のわずか数分間だとされています。地球的

な時間でみれば、人類は長い生命の歴史の最後にあらわれて、ほんの一瞬《いっしゅん》の時間を生きているにすぎません。

人間にとって森がじゃまになった

肉食ほ乳動物が陸上をかっ歩していたころに生まれた原人は、森の中で木の実や小動物をさがしたり、小川や海岸近くで小魚をとったりして生活していました。そのころ森は、大型獣《おおがたじゅう》に追いまわされていた人類にとっては、食べ物を集めるところ、安全に身をかくせるところで、命と生活を守ってくれるたいへん重要な場所でした。ところが文明が発達して生活様式が変化してくると、だんだんと森がじゃまになってきます。

人類文明が誕生した地の一つといわれる古代メソポタミアでは、最初の国をつくった王がまずはじめにしたことは、森の神を殺害することだったという伝説があります。森の神を殺して森を自由に伐採《ばっさい》することによって、町や道路を広げ、文明を発展《はってん》させていったというのです。これはまさに森と人間の関係を象徴《しょうちょう》しています。

人類は100万年くらい前から火を使うことを覚えました。これはたいへんな進

焼畑跡地（アマゾン・ベレン近郊）

化で、食糧《しょくりょう》の保存《ほぞん》もでき、危険《きけん》な野生動物から身を守ることもできました。さらに、最後の氷河期が去った1万～9000年前ころから耕作《こうさく》を行なうようになると、新しい集落や農耕地をつくるのにじゃまになる森を伐採し、焼きはらうようになりました。また焼き畑も行なうようになりました。森を焼くと一時的にちっ素などがふえて土壌《どじょう》が豊かになり、2～3年はヒエ、アワ、ソバなど雑こくの生産量がふえるからです。

家畜《かちく》をかうようになると、ヨーロッパや中国大陸では大量の家畜を森に放牧して下草《したくさ》を食べさせました。それを何千年と続けてきた結果、これらの地域《ちいき》では現在土地本来の森は完全に消めつしています。

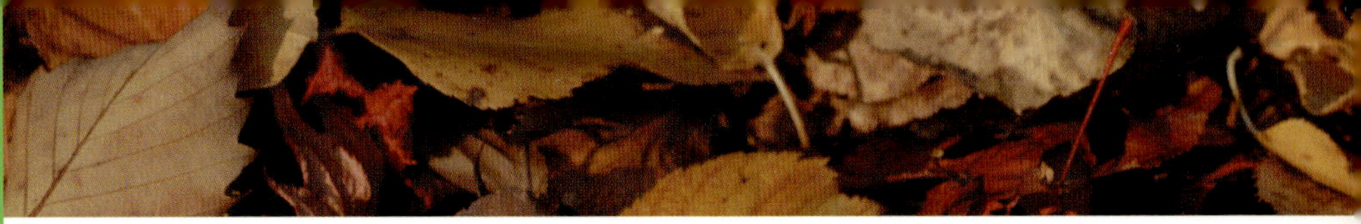

エジプトのピラミッドは緑の中にそびえていた

エジプトは緑の中で発展《はってん》した

メソポタミア地方以外でも、古代エジプト文明やローマ帝国《ていこく》が栄えた地中海地方も、かつては冬も緑の常緑の木々が生えていました。エジプトのピラミッドも今でこそ完全な砂ばくの中に立っていますが、少なくとも今から数千年前、エジプトが文明の中心であったころは、まわりは緑の樹林《じゅりん》や草原で、エジプト文明も緑の中に発展《はってん》した古代文明だったのです。ピラミッドは緑を破壊《はかい》してつくったと考えられます。

アフリカ北部でもはるか昔に畑がつくられていたようです。飛行機で上から見ると、現在砂ばくになっているところにも短ざく状のあぜの形が残っていることからも証明されます。

現在のピラミッド周辺

ローマ帝国がほろんだ理由

当時世界最強といわれたローマ帝国も1000年ほどでほろびました。高度な文明

をもち、領土《りょうど》を拡大《かくだい》し続けていたローマ帝国がなぜほろんだのかについて、歴史家は、内部からのほう壊《かい》や外敵の攻撃《こうげき》などさまざまな理由をあげています。これを少し自然とのかかわりあい、生態学《せいたいがく》（生物の生活と環境《かんきょう》に関する科学）の立場から考えてみますと、かつては生活を依存《いぞん》し、畏敬《いけい》の対象でもあった森をしだいにじゃまものとして破壊し、ついにはみな殺しするにいたって、都市は衰退《すいたい》し、文明はほろんだといえます。

緑の植物、森は、生態系《せいたいけい》の中の唯一《ゆいいつ》の生産者です。それに対して人間を含《ふく》めた動物は消費者であり、緑の植物の寄生者であるといえます。どんなに科学・技術を発展《はってん》させ、富を手に入れても、私たち人間は、他の動物と同じように、緑の植物、とくに緑が集約している森に依存《いぞん》して生きているのです。寄主である緑、とくに緑が濃縮《のうしゅく》している“土地本来のふるさとの木によるふるさとの森”は私たちの生活の基ばんです。

結局、人間にとって一番大事な寄主である緑の森を無造作《むぞうさ》に破壊《はかい》しつくしたときに、その上に成り立っていた都市と文明はほろんでいったのです。このくり返しが人類文明の歴史です。「前車《ぜんしゃ》のてつをふむ（前の人と同じ失敗をする）」と

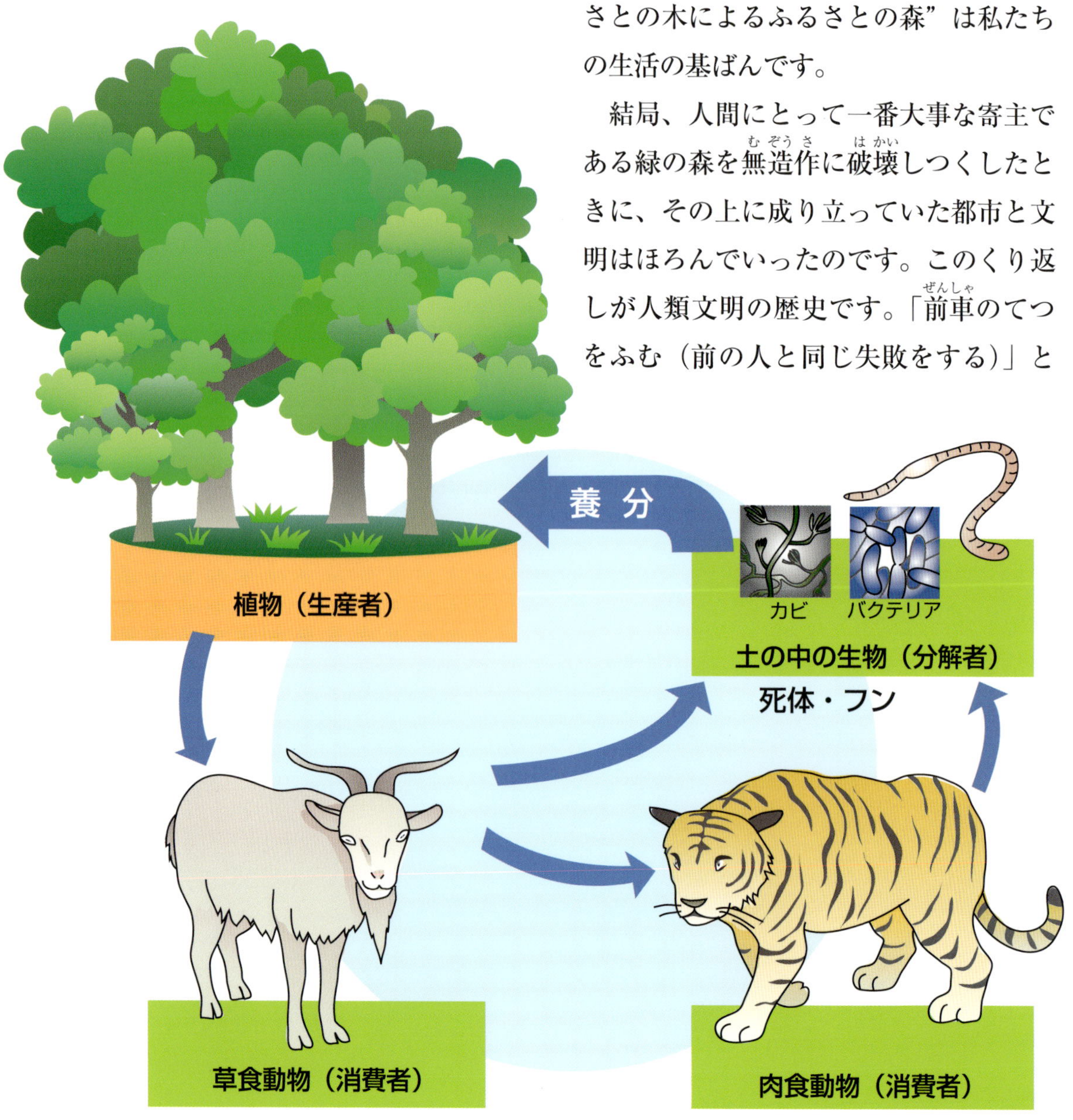

いう言葉がありますが、人間はおろかにも同じことをくり返して現在にいたっているといえます。

森が泣いている

物言わぬ、動く力のない森は泣いています。私たちは今、かつて人類が夢《ゆめ》にも見なかったような便利な人工環境《かんきょう》の中で、物あまりの豊かな生活を一時的に手にしていますが、このままでいいのでしょうか。

ヨーロッパ大陸では、多くの国々が戦《せん》乱《らん》の歴史をへて、現在も競争しながらおたがい少しがまんし、ともに発展しています。しかし、経済《けいざい》的、国家的に、たいへん栄えている国と、少し出おくれている国があります。これをやはり森とのかかわりで見ると、現在森の多い国、あるいは一度破壊してもその後土地本来の森を生態学《せいたいがく》的な方法で再生している国は元気がよい。

たとえば、ドイツ、スイス、オーストリア、オランダ、イギリスなどがあげられます。オランダは国全体がほとんど平《へい》坦地《たんち》でどの地域《ちいき》も自然開発を進めていますが、緑環境《みどりかんきょう》の再生にも力を注いでいます。ドイツやイギリスは長い年月家畜《かちく》を過度に放牧しすぎて、土地本来の森を

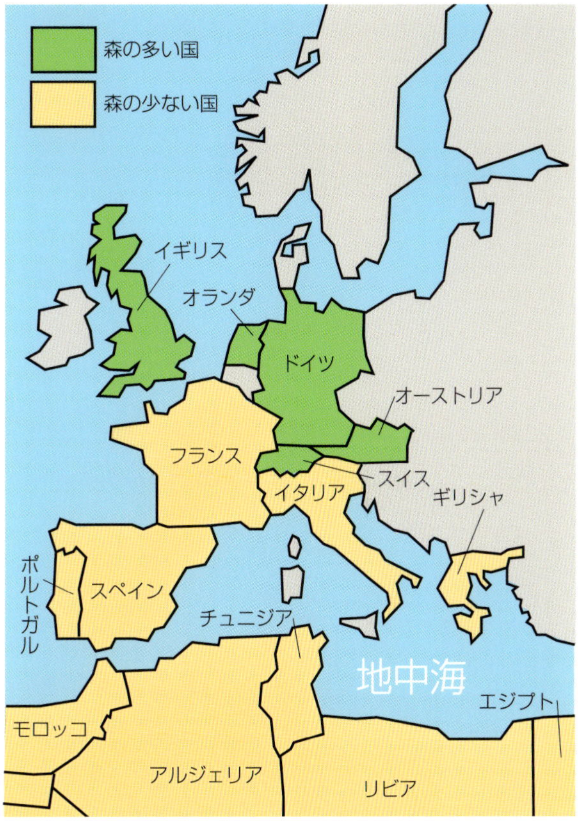

ほとんど破壊し、ヒース（荒《あ》れ野）にさせてしまいましたが、現在では都市やその周辺に森を再生しています。一方、地中海地方のイタリア、フランス、ギリシャ、ポルトガル、スペインそして地中海沿岸《えんがん》のアフリカの国々は、気候が温暖《おんだん》でめぐまれていますが、家畜の過度の放牧や自然開発で森を破壊し、再生にもあまり積極的ではありませんでした。現在の国力もかならずしもトップクラスではありません。森の多い少ないとその国が栄えているかどうかが、奇妙《きみょう》に一致《いっち》するのは不思議ではありませんか。

帰化植物のおそろしさを知っておこう

ハコベ

ホトケノザ

シロツメクサ

セイタカアワダチソウ

外国の植物が日本に入ってくる

現在、生活域《せいかついき》に見られる植物のほとんどは、その土地本来のものではありません。海外から意識的にもちこまれたもの、あるいは船や飛行機などの荷物について入ってきたものもひじょうに多くあります。いわゆる帰化植物です。動物も外国から入ってきたものが多いといわれています。

たとえば畑地《はたち》の雑草についていうと、日本には302種類の畑地雑草がありますが、ネザサ以外はすべて外国から入ってきた帰化植物です。その中には、東京大学の前川文夫《まえかわふみお》先生も言っておられる、先史時代に畑作や稲作《いなさく》とともに日本にわたってきた史前帰化植物があります。日本中のどこの畑にも見られるハコベや、ミミナグサ、ホトケノザ、また道ばたのオオバコ、ヨモギ、庭の芝生《しばふ》の中に生育するモジズリ（ネジバナ）、ツメクサなどがその例で、古くから定着していて、日

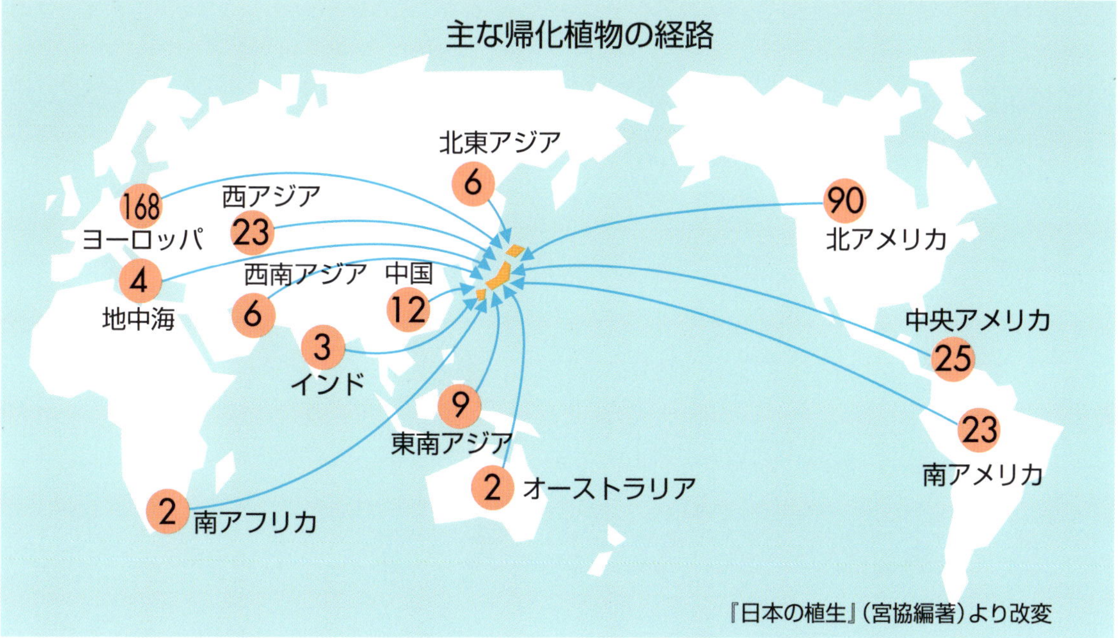

本自生のものと思われているくらいです。

一方、近年海外との行き来がひんぱんになって、飛行機や船で運ばれてきた帰化植物も多くあります。セイタカアワダチソウは、最初九州北部に入ってきました。都市化が進み、開発、造成《ぞうせい》されてできていた空き地一面に生育し、あっという間に日本中に広がりました。現在では都市部では少し落ち着いてきていて、川沿《ぞ》いや鉄道線路沿いなどで生いしげっています。

また月見草と呼《よ》ばれることもあるオオマツヨイグサも、明治以降《いこう》、鉄道線路を引くために森を伐採《ばっさい》、開発したため、線路沿いにどんどんとふえていきました。それで鉄道草ともよばれていました。

並木《なみき》などによく見られるニセアカシアは、もともとは北アメリカ大陸のアパラチア山脈の岩場にわずかに自生している樹でした。戦後日本海岸沿いなどのマツが枯《か》れたためにニセアカシアを植えたところ、競争相手がいないので急速に生長し、生いしげりました。しかし長もちはしません。かならずおそう台風や火事、日照り、大水で簡単にダメになります。またニセアカシア、イタチハギなど高木《こうぼく》、亜高木《あこうぼく》の帰化植物の下草《したくさ》として出てくるのは、セイタカアワダチソウやブタクサ、アレチウリなど同じ帰化植物だけです。

帰化植物の特性

私たちのまわりの植物には帰化植物が多く、とくに草本類《そうほんるい》は90数%が帰化植物です。帰化植物は、人間が土地に手を加えるかぎりいつまでもその地域《ちいき》でのさば

ススキ

林縁《りんえん》群落のクズ

ります。雑草は取るから生えるのです。作物は毎年種をまいたり植えかえたりしなければいけませんが、帰化植物である畑や水田の雑草は、耕作《こうさく》、除草《じょそう》を行なうかぎり、その土地の主のようにいつまでも発芽、生育、開花、結実《けつじつ》をくり返します。

ですから極端《きょくたん》なことをいえば、草とりをやめれば畑や水田の雑草はなくなります。初め、夏の30日間で一生を終える短期一年生雑草が一面に生《お》いしげりますが、耕作や除草を止めると、180日くらいで一生を終える同じく北アメリカなどから入って来た帰化植物、キク科のヒメムカシヨモギ、オオアレチノギク、ヒメジョオンなどに代わります。そして3年もたてば在来種のススキ、クズなどが繁《はん》茂《も》し、帰化植物は一つもなくなります。

水田や畑の帰化植物は、人間が農耕を行なう前はどこに生育していたのでしょうか。水田雑草やアメリカセンダングサなど水辺の植物は、洪水《こうずい》でしじゅう土《ど》壌《じょう》が洗われる川沿《ぞ》いに一時的、部分的に生育していました。洪水で土砂《どしゃ》が流れるのは、たがやしたり除草したりするのとちょうど同じですし、また上流から有機物をふくんだ砂《すな》が流れてきて積もるのは、肥料《ひりょう》をやるのと似ています。つまり、不安定でよく肥えた土壌環境《かんきょう》に局地的に

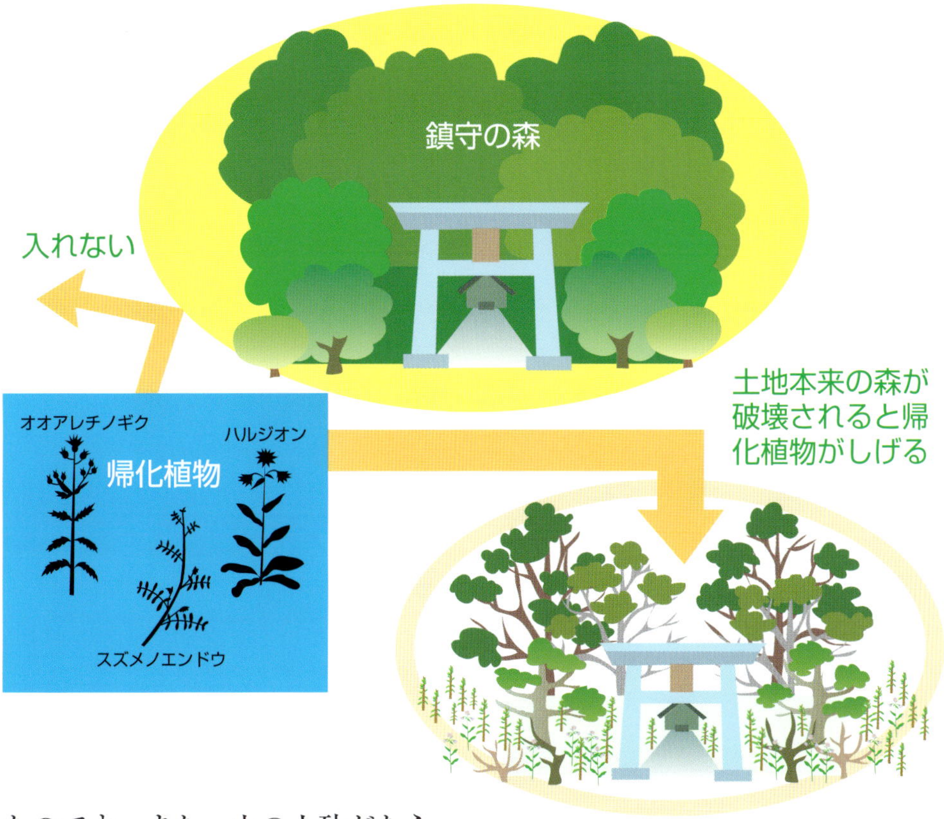

生育したのです。また、山の土砂がたえずくずれて、土地本来の植物が生育しにくい不安定な場所にも生育していました。帰化植物は、他の植物に対する競争力は弱いけれども、きびしい環境にがまんできるという特性があります。

鎮守《ちんじゅ》の森に帰化植物は入ってこない

帰化植物は、土地本来の森、鎮守の森の中には入ってくることはできません。土地本来の森が破壊《はかい》されたときに、いわば火事場泥棒《どろぼう》のように侵入《しんにゅう》して一時的に生いしげるわけです。植物は土地の環《かん》

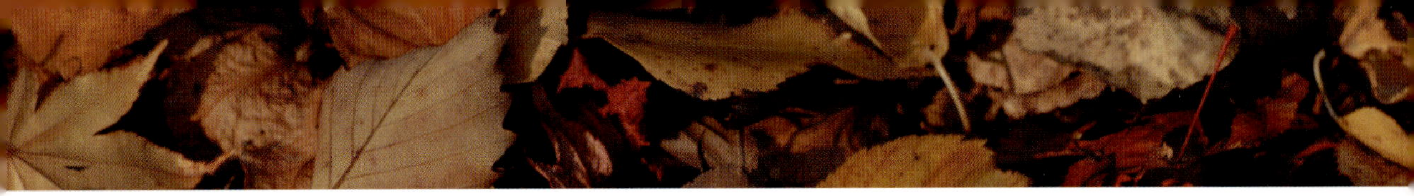

境《きょう》条件がよいだけでは生育できず、社会的要因（おきて）にたえなければなりません。オオアレチノギク、ヒメムカシヨモギなどは、一個体に8万～80万粒《つぶ》くらい種子がつき、それぞれパラシュートをもっているのでどこにでも飛んでいきます。しかし、鎮守《ちんじゅ》の森のように何百年も土地本来の植物が高木《こうぼく》、亜高木《あこうぼく》、低木《ていぼく》、下草《したくさ》と層をなしてダイナミックに安定しているシステムの中では、種が落ちても帰化植物の種は芽は出ないし、出たとしても大きくなりません。木が伐採《ばっさい》されたり、森が破壊《はかい》されたりして太陽の光が直接あたるような空間ができると、侵入《しんにゅう》して一時的に大繁茂《だいはんも》します。

中国地方や四国、九州では、現在モウソウチクがはびこってたいへんこまっている地域《ちいき》が多くあります。モウソウチクは、京都大学の上田弘一郎《うえだこういちろう》先生の研究によると、1746年に中国から鹿児島に入ってきた帰化植物です。海外から持ち込まれた植物は土地本来の森が破壊されたと

日本に入ってきた帰化動物たち

ころでは大繁茂しますが、土地本来の鎮守の森などの中には入りこめません。入っても広がっていきません。

帰化動物も増えている

帰化動物も同じで、たとえば1945年以降にアメリカ軍とともに日本に入ってきたといわれている害虫のアメリカシロヒトリも、当時農林省は日本の森を食いつくしてしまうのではないかと心配しましたが、実際には人間が植えたポプラやクワノキ、せいぜいサクラについたくらいで、土地本来のふるさとの木によるふるさとの森、鎮守の森にはまったく入ってきませんでした。

しかし、ひじょうに繁殖《はんしょく》して問題になっている帰化動物もあります。たとえば各地の湖ではブラックバスがふえ、カメやカエルの外来種も入ってきています。また森にもタイワンリスが繁殖しています。在来種の動物や植物は、長い時間生《せい》態系《たいけい》の食うものと食われるもののつながり－食物連鎖《れんさ》－のシステムの中にいるので、ふえすぎることはめったにありません。ところが外国から急に入ってきたものは、天敵がいないのでいっきに大繁殖、大繁茂することがあります。

アフリカマイマイ

一般《いっぱん》に小さな島の動植物ほど競争力が弱いといえます。外来種の洗礼を受けていないためです。小笠原諸島《おがさわらしょとう》は海中にできた火山島で、過去にも大陸とのつながりはありません。海鳥や波や風によって運ばれた植物しか生育していませんでした。そこに第二次世界大戦中やその後にギンネムやアフリカマイマイなど外来種が入って、天敵がいないのでまたたくうちに大繁茂、大繁殖しました。そのために、自生の植物や動物が消滅《しょうめつ》の危機《きき》にひんして、深刻《しんこく》な問題になっています。日本の国土自体も島国なので、大陸のものに対して弱い面もあります。そういう意味で帰化動植物には注意しなければいけません。しかし植物の社会では、帰化植物に占領《せんりょう》されてしまうということは少ないと思います。だいじなことは、土地本来の森や湿原《しつげん》などを維持《いじ》、再生することです。それが帰化植物など外来種の侵入、繁茂を防ぐもっとも確実な方法なのです。

一度破壊《はかい》された自然を取り戻《もど》すたいへんさ

ドイツのヨーロッパブナ林

木々が競争するのが自然の姿《すがた》

自然の木や草は、何気なくそこに生えているようにみなさんは思うかもしれません。しかし、その土地の環境《かんきょう》条件にたえるもの、あるいは適したものが集まって生育しているのです。たとえばシイ林、カシ林、ブナ林などといっても、自然界では一種類の樹林《じゅりん》が、ある面積を独占することはありません。かならずいろいろな種類の高木《こうぼく》、亜高木《あこうぼく》、低木《ていぼく》が混じりあって樹林は成り立っています。スギ林など一種類の樹種だけが生育しているのは人工林、つまり人間が植えた樹林だけです。自然の森ではいろいろな種類がおたがいに競争しながら、少しがまんしてともに生きています。そしてこれが一番健全な状態なのです。このような多様性にとんだ土地本来の森であれば、台風、地震《じしん》、大津波《おおつなみ》がおそってもびくともしません。

長い時間をかけてその土地のあらゆる条件に耐《た》えて生きのびている高木、亜高

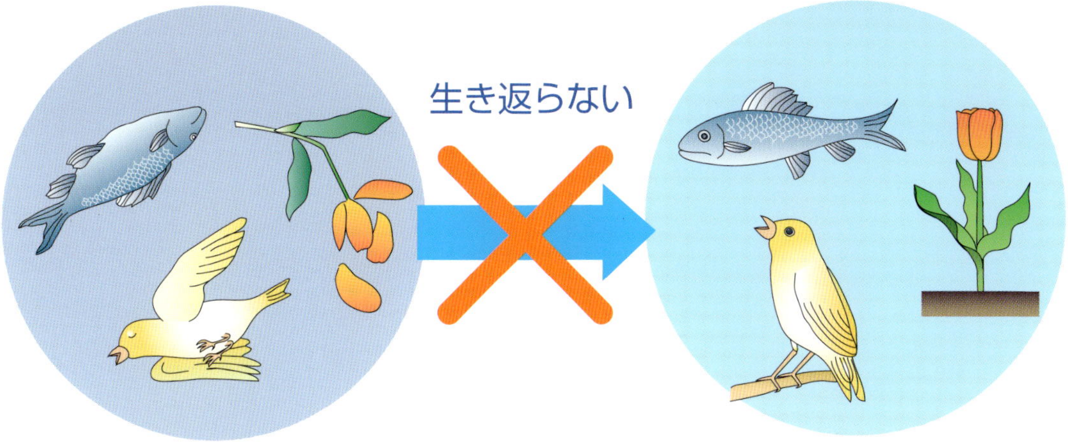

木、低木、下草が多層群落《たそうぐんらく》を形成し、土の中のカビやバクテリアまでが一つのシステムとして成立、機能している土地本来の森は、一度破壊《はかい》されると再生するのはたいへんです。見かけ上だけ緑にもどすのは可能かもしれませんが、土地に応じた生産、消費、分解・還元《かんげん》の生態系《せいたいけい》のシステムまで回復し、維持《いじ》するのには、その森を破壊したときの何十倍、何百倍の費用と時間が必要であることを知っていただきたい。今あるものを残すことは一見保守的に見えますが、もっとも確実な自然保護《ほご》の基本であることを正しく理解しましょう。

殺してしまったものは生き返らない

現在の科学・技術は、宇宙《うちゅう》ロケットで月に行けるほど発達《はったつ》しています。しかし命や環境《かんきょう》に対しては、今の段階《だんかい》では残念ながらきわめて不十分です。世界中の金と科学・技術を集めても、69億人いる人間の誰《だれ》一人1000年はおろか200年生かすこともできません。また一度死んだものは、小さな虫でも草でも生き返らせることは絶対できません。今の技術では細胞《さいぼう》一つつくることはできないのです。

壊《こわ》すのは簡単《かんたん》です。しかし、一度失われた命は再生できません。もちろん人間も同じです。コンピューターのバーチャルな世界になじんだ人たちは、リセットすればまた生き返るという幻想《げんそう》を抱《いだ》きがちですが、一度殺したものはぜったい生き返らせることはできません。今生きている自分のかけがえのない命をたいせつにしましょう。気に入らないいやな相手も、あなたといっしょに今を生きているのです。ぜったいに他人も自分も傷《きず》つけたり殺したりしないでください。競争しながらもおたがい少しがまんしてともに生きていく、これは植物の世界の一番健全な姿《すがた》ですが、人間社会も同じではないでしょうか。

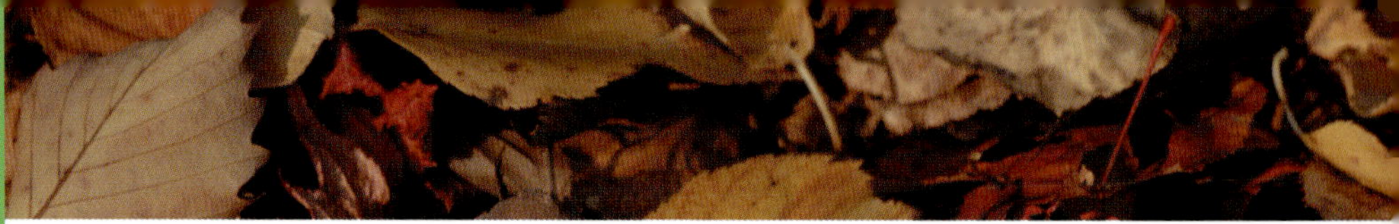

「死んだ材料」で発展《はってん》してきた日本

焼け野原から出発した日本

今から60数年前、日本は、アメリカ軍のたび重なる爆撃《ばくげき》や艦砲射撃《かんぽうしゃげき》によって、主要都市から地方都市、産業立地まで、徹底的《てっていてき》に破壊《はかい》されました。若《わか》いみなさんには想像もできないような惨状《さんじょう》です。1945年2月、私は当時の東京農林専門《せんもん》学校（現在の東京農工大学）の入学試験を受けるため岡山から東京に向かっていました。しかし名古屋付近の爆撃《ばくげき》のためそれ以上行けず、やむなく途中《とちゅう》でひき返しました。

後日再試験がみとめられたので、今度は太平洋側ではなく日本海岸側から行こうと、伯備《はくび》線、山陰《さんいん》本線を利用し、3日3晩かかってやっと東京に着きました。体が弱いため、軍隊にとられなかった一番上の兄の住んでいた埼玉県浦和市《さいたまけんうらわし》にたどり着いた日の夜、南の空がまっ赤にそまりました。3月10日の東京大空襲《だいくうしゅう》でした。一夜にして東京の江東区あたりは焼け野原と化し、10万人近い人が亡くなった悲

第2次世界大戦末期の空襲で、焼け野原となった東京

さんな爆撃でした。それでも翌朝《よくあさ》、黒こげの死体をよけながら線路づたいに浦和から新宿まで歩き、かろうじて走っていた中央本線にのって、府中にある農林専門学校まで試験を受けに行ったのです。

幸いに合格しましたが、東京はその後も毎日のように空襲があり、せっかく学校に入っても軍事教練と防空壕《ぼうくうごう》掘《ほ》りに明けくれる毎日でした。そして終戦をむかえます。日本のほとんどの都市は見るも無残な姿《すがた》でした。はたして日本はふたたび立ち直れるだろうか、と少年ながら不安を感じたものです。

しかし、みなさんのおじいさん、おばあさんにあたる年齢《ねんれい》の人たちは、食糧《しょくりょう》不足で栄養失調寸前《すんぜん》になりながらも、ほんとうによく働きました。その努力のかいあって、現在日本は世界でも有数の大都市や新しい産業立地を擁《よう》し、新幹線や飛行場、港湾《こうわん》施設なども整備されて、みちがえるように発展《はってん》しました。

死んだ材料で発展をとげる

短い期間でこれほど発展するためにはやむをえなかったかもしれませんが、日本中でブルドーザーがうなりをあげ、ふるさとの山を削《けず》り、谷を埋《う》め、海を埋め立てる開発が行なわれました。そして鉄、

セメント、石油化学製品、各種エネルギーなど死んだ材料を使った大がかりな建設事業をおし進めたのです。また画一的な工場製品、精密《せいみつ》機器を大量生産し、世界との競争に打ち勝ってきました。死んだ材料を使って規格品《きかくひん》をつくるのは効率《こうりつ》がよい。急激《きゅうげき》な経済発展《けいざいはってん》をとげ、現在では人間の欲望《よくぼう》がほぼ満足できるような豊かで便利な世の中になりました。世界のほかの地域《ちいき》では食べるものにも困《こま》るような人たちがいるなかで、日本は現在物あまりの時代をむかえています。

しかし、これほど豊かになりながら、なぜか人びとは元気を失っているようです。きびしい戦中戦後、貧《まず》しくて食べるものも着るものも不自由だった時代に、

子どもたちは未来に大きな夢《ゆめ》をえがき、前向きな気もちで勉強や仕事にはげんでいました。今、教科書も情報も不自由なく手に入る時代になって、未来に対してなんとなく不安を感じている人が少なくありません。これは死んだ材料を使った規格品《きかくひん》づくりがうまくいき、さらなる経済的発展《けいざいてきはってん》を目指して効率《こうりつ》を追いすぎた結果ではないでしょうか。死んだ材料と原子力発電所をふくめた大量のエネルギーを使って、一時的にあらゆる欲望《よくぼう》がみたされても、この地球上に生かされているかぎり、人間もまた自然の一員であり、緑の植物の寄生者の立場でしか健全に生きていくことはできません。

　産業発展のために善意《ぜんい》でおこなってきた自然開発が、結果的には自然破壊《はかい》、環《かん》境汚染《きょうおせん》を生み、すべての生き物の命の基ばんであるふるさとの森を私たちのまわりから消してしまったのです。このままいけば、以前どこにもいた赤トンボやホタル、ドジョウがいなくなるだけでなく、食物連鎖《れんさ》の頂点《ちょうてん》にいて一番いばっている私たち人間の生活も破たんしかねない危険《きけん》な状態です。積極的に命の森、本物の森をつくっていくことが、私たちが未来に生きのびるための、もっとも古くて新しい基本的な、そして前向きの戦《せん》略《りゃく》ではないでしょうか。

赤トンボも、食物連鎖《れんさ》にかかわっている

生き物はそれぞれ みなちがっている

死んだ材料でつくるものは、テレビも車もすべて規格品でなければなりません。スギやヒノキも、規格品として同じ大きさ、同じ太さの木材を生産するために、また効率よく手入れ、伐採《ばっさい》、搬出《はんしゅつ》するために、一種類の木だけを列状に植えて、林がつくられてきました。もちろん規格品づくりは私たちの生活には必要不可欠《ふかけつ》です。しかし私たちは生き物です。生き物は、それをささえている自然と同様、みんなそれぞれにちがっています。

私は子どものころ、なんでこんな顔に生まれてきたのか、と思ったこともあります。でもよく考えてください。現在69億人の人間が地球上に生きていますが、あなたとまったく同じ顔をした人は他にだれもいません。かけがえのないあなただけの顔です。顔だけではなく、指紋《しもん》や歯型、DNAも一人ひとりそれぞれちがうので、犯罪捜査《はんざいそうさ》にも使われるし、また大事故などのときでも本人確認《かくにん》ができます。人間も自然の一員であり、自然はみんなちがう。多様性こそ、もっとも強い自然の形です。自然の一員である人間が、健康で心豊かに未来に向かって確実に生きのび、発展していくためには、死んだ材料とエネルギー生産の効率を追うだけでは危険《きけん》なのです。

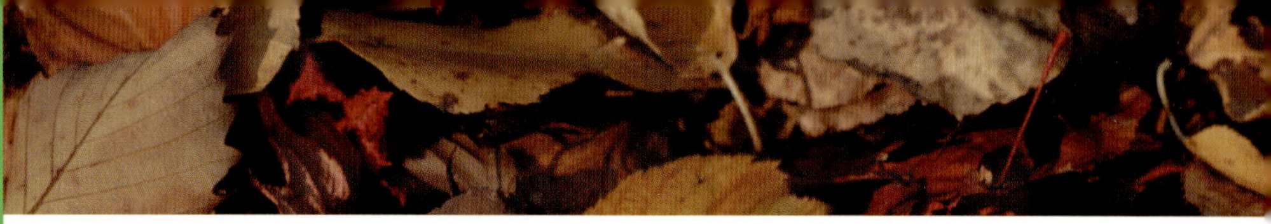

ヘビとカエルのふしぎな関係

カエルはヘビより強い？

みなさんも、学校や仲間のなかに、気の合う好きな人もいれば、なんとなく苦手な人もいるでしょう。

緑の木々や森が気もちがいいといっても、森に入ればときにはすり傷《きず》をつくることもあるし、夏には蚊《か》やアブにさされることもあります。でも苦手なもの、きらいなものをすべて排除《はいじょ》しないでください。いろいろな生き物がいがみ合いながらも少しがまんしてともに生きていく、これが生きのびるためのもっともまちがいのない方法だからです。私たちもこの

地球上で私たち人間だけでは決して生きていけません。40数億年の命の歴史が教えています。

たとえばヘビとカエルを考えてみましょう。「ヘビににらまれたカエル」という言葉がありますが、もしどちらかが先に絶滅《ぜつめつ》するとすれば、食う立場のヘビか、にらまれて食べられるカエルか、どちらだと思いますか。

ヘビににらまれたカエルは動くことができず、食べられてしまう。だからカエルが先に絶滅《ぜつめつ》する、とみなさんは思うかもしれません。しかし生物社会はきわめて微妙《びみょう》なバランスの上に成り立っています。動物の行動を生涯《しょうがい》研究してノーベル賞を受賞したコンラット・ローレンツ博士によりますと、ヘビがふえすぎてカエルが絶滅したという例は、地球上のどこにも、そして長い命の歴史上でもいまだかつてないというのです。

自然界ではさまざまな動物、植物がからみ合って生きているのでそれほど単《たん》純《じゅん》ではありませんが、ヘビがカエルを食べ続けて、カエルが本来の生息数の10分の１以下になると、カエルも命がけでか

くれたりにげたりするので、ヘビはもはやエサが見つけられない。つまり食う立場のヘビのほうが先にダメになるのです。しかしヘビがいなくなると、天敵がいなくなったカエルがふえる。カエルがふえればまたヘビもふえる。ヘビがふえればカエルがへる。このようなくり返しで、ヘビがふえすぎてカエルが絶滅するということはないのです。これが生物社会の原則です。

敵《てき》は味方で、味方は敵

地球の命の歴史の最後に出現した人間は、量的には生物全体のほんの何百分の一にしかすぎませんが、地球の王者のようにふるまっています。そして、一時的な欲望《よくぼう》を満足させるためにじゃま者をみな殺しにして、自分だけが、自分の属《ぞく》する集団、党派《とうは》だけがよりよい生活をしようとしているのではないでしょうか。これはひじょうに危険《きけん》な状態であることを長い命の歴史が教えています。他の共存《きょうぞん》者《しゃ》をみな殺しにしたときに、王者であった人間がだめになります。生きのびるためには、少々苦手ないやな相手でもすべて排除《はいじょ》しない。絶滅させない。おたがい少しがまんしながらともに生きていくことです。極端《きょくたん》な言い方をすれば、敵《てき》は味方であり、味方は敵です。勝ちすぎることはむしろ危険なのです。

森が災害《さいがい》をふせいでくれる

森が消え、砂ばくが広がっている

森は地球の表面のどれくらいをしめているのでしょうか。ご存知《ぞんじ》のように地表の約3分の2は海洋です。陸地のうち、南アメリカ大陸のベネズエラあたりからチリの北部、またブラジルの北部は、砂ばくあるいは半砂ばくです。アフリカ東部を含む地中海地方もほとんどが砂ばく

世界の森林面積の年当たりの変化率

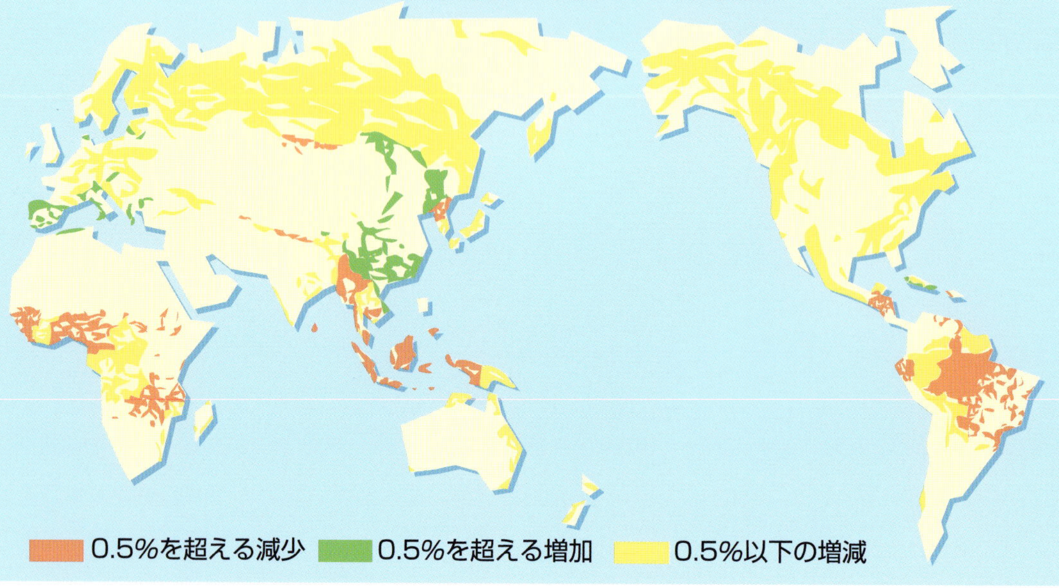

注：増加面積と減少面積を相殺《そうさい》した変化率
資料：FAO『Global Forest Resources Assessment 2005』より環境省作成

化しています。アジア大陸でも内陸部にはモンゴル砂ばく、タクラマカン砂ばくが広がり、ヒマラヤの北側も半砂ばくです。森林は陸地の面積の30％くらいであろうと考えられています。地表全体ではほぼ10％にすぎません。

その森が、伐採《ばっさい》されたり、焼かれたり、あるいは牧野《ぼくや》や農耕地《のうこうち》にされたりして、現在では陸地の25％しかありません。20％を切っているのではないかという予測もあるほどです。

日本では、国土の60数％が森林で占《し》められているといわれていますが、すでにのべたように、私たちの生活域《せいかついき》やまわりの緑は里山の雑木林や針葉樹《しんようじゅ》の画一的な人工林がほとんどです。また街中では美化的に植えられた都市公園などの緑しか見られません。土地本来の本物の緑は鎮《ちん》守《じゅ》の森などわずかに残っているだけです。

森はこんなに役立っている

土地本来のふるさとの森の木々は深根《しんこん》性《せい》・直根性《ちょっこんせい》（根が深く、まっすぐのびる性質）で台風にも地震《じしん》にもびくともしません。風を弱め、地盤《じばん》をかため、降雨《こうう》を吸収《きゅうしゅう》して鉄砲水《てっぽうみず》をふせぎます。火災《かさい》が燃え広がるのをくいとめ、海岸沿《ぞ》いでは津波《つなみ》を弱める効果も期待できます。また、防音、防塵《ぼうじん》、空気や水の浄化作用など、さまざまな環境《かんきょう》保全機能があります。一つひとつの機能、効果については、たとえば防音装置《そうち》、集塵《しゅうじん》装置など死んだ材料による機械、器具でも対応できるかもしれません。しかし、土地本来のふるさとの木によるふるさとの森は、トータルとして、持続的に、しかも維持《いじ》管理費がかからずに、災害をふせぎ、私たちのいのちと生活環境《かんきょう》を守ります。

森林伐採《ばっさい》が津波《つなみ》の被害《ひがい》を大きくした

森林伐採《ばっさい》によって津波《つなみ》の被害《ひがい》が大きくなりました。特に多くの人たちが昔から住んでいた海岸沿《ぞ》いは生態学《せいたいがく》的には最も豊かで住みやすいところです。現在産業立地づくりや都市づくりのために急速に自然破壊《はかい》が進み、それにともない土地本来の森が破壊されています。地震《じしん》国日本に住んでいる私たちはこれからも必ず襲《おそ》うであろう震災《しんさい》、それにともなう大津波や大火事などからあなたやあなたの愛する人のいのちや財産を守ることを考えなくてはなりません。

クロマツの多くは、東日本大震災の大津波に耐えられなかった。仙台市若林区荒浜（2011.4.7 著者撮影）

大津波の被害のなかで唯一立っているタブノキ。岩手県大船渡市立赤崎中学校入り口（2011.4.27 著者撮影）

岩手県の大槌町で、「いのちの森づくり」をする様子。右から細川元総理大臣、細野環境大臣、碇川大槌町長

同左。マウンドに543人による、16樹種3400本植樹直後（2012.4.29 著者撮影）

2011年3月11日。東日本大震災によって、2万人近いかけがえのない人たちのいのちが一瞬《いっしゅん》にしてうばわれました。最高の科学・技術を駆使《くし》してつくられた釜石《かまいし》の最大水深63mの防潮堤《ぼうちょうてい》ですら一部破壊されてしまいました。また根の浅いマツだけの単植《たんしょく》植樹をしているところではマツが根こそぎ津波によってたおされ、漂流《ひょうりゅう》したため、残された建物や車両を破壊し、二次災害を起こしました。そしてエネルギーが増した引き波によって多数の人々が海におし流されて、深刻《しんこく》な被害を広げました。反面同じ災害を受けてもたとえば南三陸町《みなみさんりくちょう》の土地本来の潜在《せんざい》自然植生《しぜんしょくせい》の主木《しゅぼく》のタブノキ、それをささえるヤブツバキのような深根性《しんこんせい》、直根性《ちょっこんせい》の常緑広葉樹《じょうりょくこうようじゅ》は津波が来ても、波砕《はさい》効果によって津波のエネルギーを減殺《げんさい》し、被害を最小限度にすませています。また樹林が残されているところでは、その木につかまって助かった人も多い。

今大事なことは土地本来の冬も緑の常緑のシイ、タブ、カシ類の森の防潮堤をつくることです。北海道など冷温帯《れいおんたい》の海岸沿いではカシワ、ミズナラなどの落葉広葉樹で海岸沿いにマウンドを築き、その土地本来の主木群を植樹する。いのちを守り、地域経済《ちいきけいざい》と共生する、世界にほこる本物の森を南北300km —「森の長城」を海岸沿いにつくる。

私たちは危機をチャンスに、未来に向かって着実に生きのび発展《はってん》しなくてはなりません。

土地本来の本物の森の大切さを考え、できるところから希望の森を、被災地では亡《な》くなった方のための鎮魂《ちんこん》の森づくりを国家プロジェクト、国民運動として進めていこうではありませんか。

地球温暖化《おんだんか》と森の深い関係

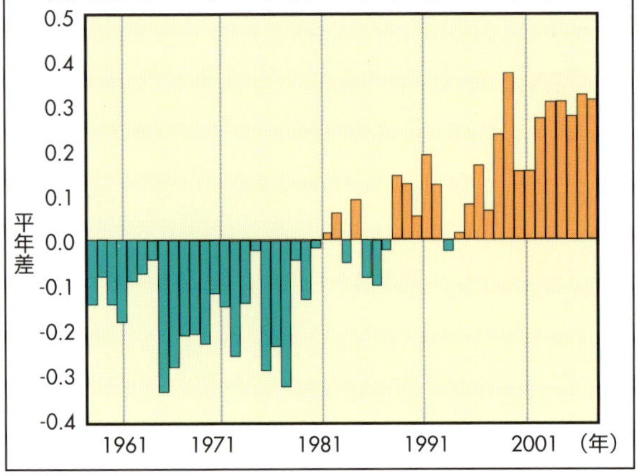

過去50年の世界の年平均気温平年差

注1　赤は、1850年以降《いこう》最も温暖な12年を示す。
　2　平年差は、平年値（1971～2000年の30年平均）からの差を示す。
出典：気象庁データより環境省作成

地球温暖化のおそろしさ

今地球規模《きぼ》でもっとも心配されている環境《かんきょう》問題、地球温暖化《おんだんか》についても、森は大いに関係があります。木を切って木炭やたきぎにするような素朴《そぼく》な生活が行なわれていたころは、動植物が呼吸《こきゅう》で出す二酸化炭素と植物が光合成で吸収する二酸化炭素の量がほぼ同じでバランスがとれていました。

地球温暖化の影響の予測

資料：IPCC『第4次評価報告書』より

対　象	予想される影響
平均気温	1990年から2100年までに1.1～6.4℃上昇
平均海面水位	1990年から2100年までに18～59cm上昇
気象現象への影響	洪水《こうずい》、干ばつの増大、台風の強力化
人の健康への影響	熱ストレスの増大、感染《かんせん》症の拡大
生態系《せいたいけい》への影響	一部の動植物の絶滅　生態系の移動
農業への影響	多くの地域で穀物《こくもつ》生産量が減少。しかし、一部に増加地域
水資源への影響	水の需給《じゅきゅう》バランスの変動。水質への悪影響
市場への影響	特に一次産物中心の開発途上《とじょう》国で大きな経済《けいざい》損失

ところが18世紀の終わりころに蒸気《じょうき》機関が発明され、いわゆる産業革命《かくめい》が起こるころになると、石炭が地中から掘《ほ》り出され、その後石油も産出されるようになりました。この石炭、石油は化石燃料ともいわれ、3億年前に生いしげっていたシダ植物が光合成で空気中の炭素を吸《きゅう》収《しゅう》し、炭水化物やリグニンとして葉や幹《みき》にたくわえていたものが、土中にうもれ、長い間に炭化したものです。化石燃料を掘り出して燃やすと、その中の炭素（C）が大気中の酸素（O）と結合して二酸化炭素（CO_2）となります。

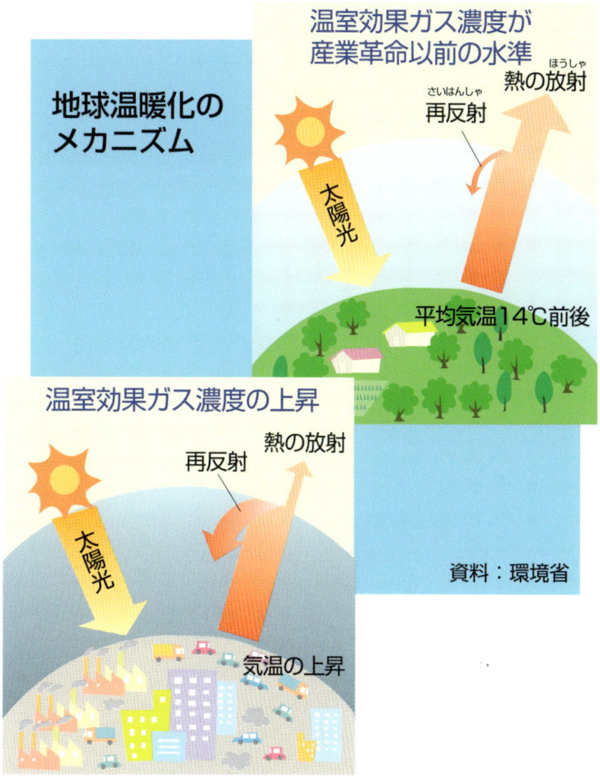

資料：環境省

森は温暖化のコントローラー

二酸化炭素はメタンガスや水蒸気《すいじょうき》などとともに温室効果ガスとして地球をおおっています。地球は太陽からのエネルギーで温められていますが、温められた熱は赤外線として宇宙《うちゅう》に放出されます。温室効果ガスは太陽の目に見えるエネルギーはそのまま通しますが、地表から放射される赤外線は吸収しやすい性質をもっているので、地表の温度が平均14℃前後に保たれているのです。温室効果ガスがなければ地球の温度は夜には－18℃にまで下がってしまうといわれています。しかしふえすぎると、宇宙に放出される熱がへって地球の気温を上昇《じょうしょう》させてしまうことになります。そして異常《いじょう》気象などが引き起こされて農作物に影響《えいきょう》がおよんだり、海面が上昇して海岸沿《そ》いの低地は水没《すいぼつ》する危険性《きけんせい》が高まったりします。すでに太平洋上の島などで現在たいへん深刻《しんこく》な問題になっています。

空気中の炭素の量がふえているのは、産業活動の拡大《かくだい》だけでなく、森の消失による影響も大きいと思われます。土地本来の常緑の森は、一年中光合成によって空気中の炭素を吸収・固定していて、温暖化に対するもっとも有効《ゆうこう》なコントローラーです。その森が失われていることはきわめて重大な問題です。

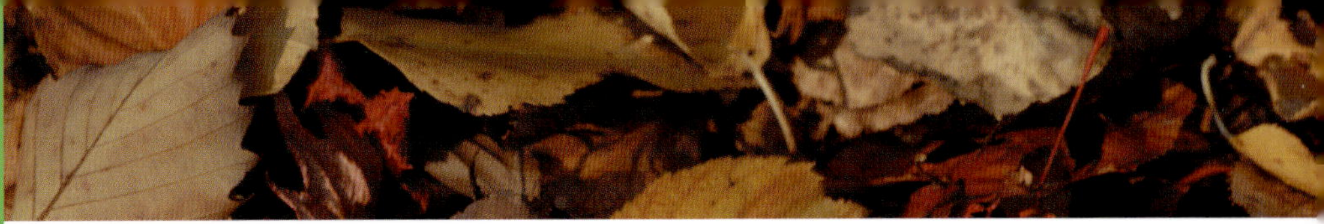

命を守る本物の森をつくろう

いまの日本の森は、本物は少ない

アラカシの新芽

　日本は世界でもめずらしいほど緑豊かな国です。気温と年間の降水量《こうすいりょう》およびその配分など、気候条件が森の生育に適しているため、砂ばくや荒野などはほとんどありません。海外から日本に帰ってくると、とくに春から夏にかけては、新鮮《しんせん》な緑が目に飛びこんできてほっとした気もちになります。しかしその日本の緑も、現地調査をして生態学《せいたいがく》的にくわしく調べ

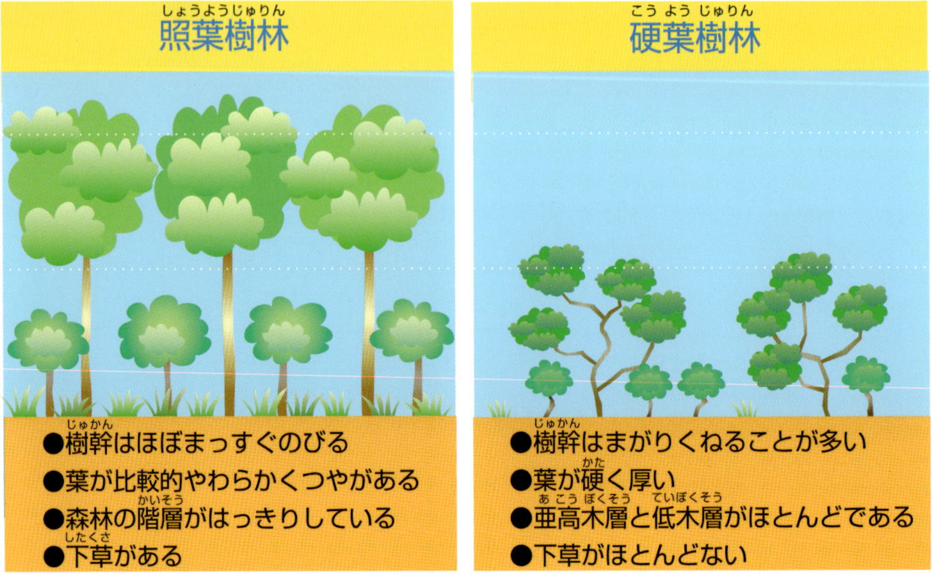

照葉樹林と硬葉樹林の違い

『日本の植生』より改変

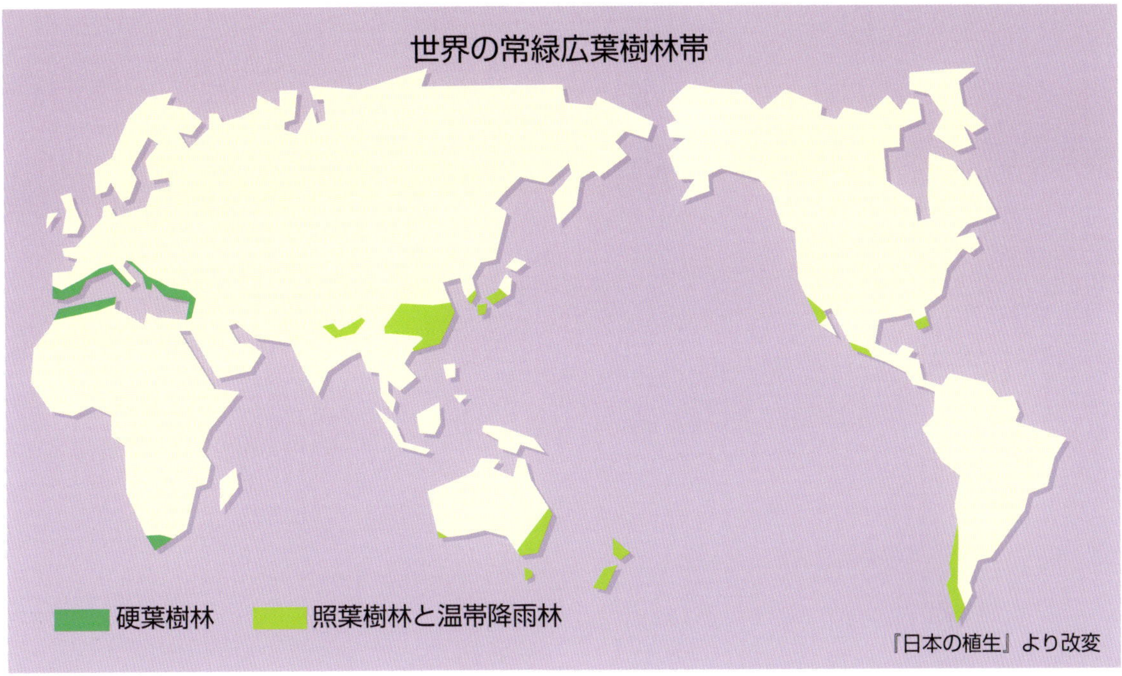

ますと、おどろくほど土地本来の自然の森とはかけはなれたものです。

土地本来の森は、北海道や東北地方の山地では、冬は寒くて葉を落とす落葉広葉樹《らくようこうようじゅ》のブナ、ミズナラ、カシワ、カエデ類の森です。それより南では、冬も緑の、海岸沿《ぞ》いはタブノキ、尾根筋《おねすじ》はシイノキ、内陸部はシラカシ、アラカシ、ウラジロガシ、アカガシ、中部から西ではイチイガシ、沖縄ではオキナワウラジロガシ、アマミアラカシなどの常緑広葉樹林《じょうりょくこうようじゅりん》が土地本来の森で、葉はつやがあって太陽の光で光るので照葉樹林《しょうようじゅりん》ともいいます。

この照葉樹林は、日本だけでなく、中国の長江《ちょうこう》から東海岸沿《ぞ》いに、さらに一部はベトナム、カンボジアの山地、ヒマラヤの山腹《さんぷく》まで、三日月状に続いています。大阪府立大学の教授をしていた中尾佐助《なかおさすけ》先生らも書いているように、照葉樹林域では雨が多いので水田耕作《こうさく》が行なわれ、またサトイモ、こんにゃく、とうふ、みそなど食文化も共通するところが多くあり、民族はちがってもほぼ同じような生活形態《けいたい》をとっています。この照葉樹林帯に共通する文化を照葉樹林文化といっています。

人類文明が誕生《たんじょう》した地域の一つである地中海地方も、温暖《おんだん》で土地本来の森は同じ常緑広葉樹林ですが、地中海地方は雨が少なく、しかも降《ふ》るのは主に冬です。夏の乾燥期《かんそうき》をしのぐために、この地方の常緑樹は、葉が小さくてカラカラしていて毛があります。コルクガシ、オリーブなどがその例で、かたい葉という意味で硬葉樹《こうようじゅ》といいます。東アジアの照葉樹林文化に対して、地中海地方の文明は硬葉樹林文化ともいわれています。

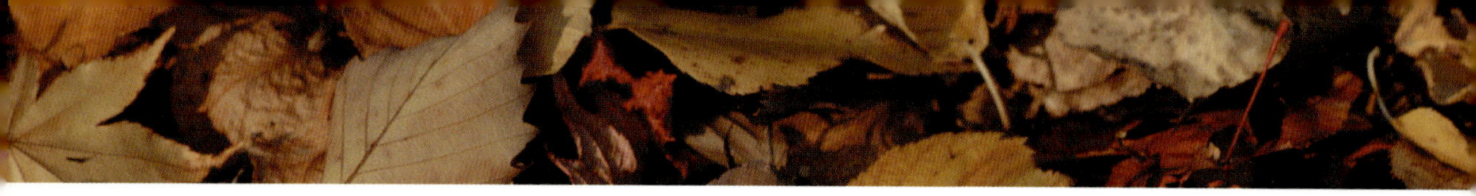

ギリシャの神々

日本文化の原点である照葉樹林《しょうようじゅりん》ですが、現在ではわずか0.06%しか残っていません。今みなさんが見ている森のほとんどは、長い間の人間活動の影響《えいきょう》や最近の大規模《だいきぼ》な自然開発の結果、土地本来の森からおよそかけはなれた、置きかえ群《ぐん》落《らく》、二次植生といわれるものです。もう少しはっきりいうと、土地本来の森とは異なったニセモノの緑です。

昔、木の実や野草をとり、小魚を捕《ほ》食《しょく》していたころは、人間活動も生態系《せいたいけい》のわくの中におさまっていました。しかし100万年くらい前に人類は火を使うようになり、2万～1万年くらい前からは本格的に火を使って森を破壊するようになりました。道具も木から石、銅、鉄と進化し、エネルギーも石炭、石油から原子力まで使っています。人間は、良きにしろあしきにしろ、結果的には自然の生態系のわくをはみ出すような働きかけをしてきたのです。

ヨーロッパも古代ギリシャは多神教でした。日本人が八百万《やおよろず》の神をあがめたのと同じように、人間の力のおよばないような自然の森に畏敬《いけい》の念をいだき、守ってきたはずです。少なくても大規模な破壊はしませんでした。ところが文明が発展するにしたがって、森をどんどん破壊して聖堂《せいどう》をつくり、住居《じゅうきょ》を建て、道路をしき、都市を建設していったのです。硬《こう》葉樹林帯《ようじゅりん》のメソポタミア、エジプト、ギリシャ、ローマ帝国《ていこく》の文明です。ところがかれらが森を食いつぶしたときに、都市はあれはて、文明はほろびました。ほこり高きローマ帝国を築《きず》いたラテン系の人たちが北方の野蛮《やばん》な民族と見なしていたゲルマンやスラブ、アングロサクソンの人たちが、ヨーロッパブナ、ヨーロッパナラ、ヨーロッパシデなどの落葉広葉《らくようこうよう》樹林帯《じゅりんたい》に新たな文明をきずき、現在にいたっています。その主な都市はロンドン、パリ、ベルリン、モスクワなどです。

また、かれらが大西洋をわたって新たな生活をはじめた南北アメリカ大陸でも、わずか数百年で土地本来の森を破壊しました。現在の中心地は東部のワシントン、ニューヨーク、フィラデルフィア、ボストンなど落葉広葉樹林域に集中しています。

ケヤキの黄葉（落葉広葉樹）

鎮守《ちんじゅ》の森のたいせつさ

私たち日本人も、自然を破壊して集落をつくり、また農耕《のうこう》も行なってきました。土地本来の森を切って雑木林に変えたり、建築材を得るためスギ、ヒノキ、マツ、カラマツなど一種類の木ばかりを植えてきました。しかし自然をみな殺しに

現在のボストン

はしなかったのです。4000年来の日本土着の宗教《しゅうきょう》ともいわれる神道《しんとう》の影響《えいきょう》があったかもしれません。八百万《やおよろず》の神を信仰《しんこう》し、あの森にも、この老大木にも神がいると信じ、自然に対する畏敬《いけい》の念をもっていました。この木を切ったらバチがあたるといったたたり意識《いしき》から、自然の森を残してきたのです。また、森を焼いたり伐採《ばっさい》したりして水田、畑、集落をつく

るさいには、かならずふるさとの木によるふるさとの森を残し、守り、また新たにつくってきました。それが鎮守《ちんじゅ》の森です。かつてはどの地域《ちいき》のどの集落にもありました。

しかし第二次世界大戦後は、すさまじいばかりの開発の波で、残されていた自然の森、関東以西の照葉樹林《しょうようじゅりん》、東北山地、北海道の落葉広葉樹林《らくようこうようじゅりん》が伐採され、破壊《はかい》されてきています。残っているのは、二次林の雑木林や木材生産のため植林された針葉樹《しんようじゅ》の単植《たんしょく》林がほとんどです。緑は緑であっても、土地本来の森から大きくかけはなれた緑であるのが現在の状態《じょうたい》です。森は泣いています。目的によって、どの緑も大事ですが、あまりにも本物の森がすさまじいまでに失われている現在の状況《じょうきょう》について、まず認識《にんしき》しなければなりません。気づいていない人が多いのではないでしょうか。無知《むち》は罪悪《ざいあく》、知は力です。まず冷静に現実を直視《ちょくし》し、正しく知りましょう。

私たちが未来に生きのびるためには、何としても土地本来の森、命を守る本物の森をつくっていかなければなりません。森は命であり、未来発展《はってん》の潜在《せんざい》エネルギーの貯蔵庫《ちょぞうこ》でもあります。私たちの生活のためには、もちろん畑も水田も道路も工場もつくらなければいけません。木材の供給《きょうきゅう》も必要です。これからの林業は自然環境《かんきょう》に十分配慮《はいりょ》し、その土地の立地条件が許容《きょよう》する枠内の樹種を選択《せんたく》し、土地本来の森の主な構成種との混《こん》植《しょく》を行なうなど、これまでのようなすべてを破壊しつくして一つの樹種だけを植える単植造林は避《さ》けるべきでしょう。そして、4000年この方、私たちの祖先《そせん》が鎮守の森としてつくり、守ってきた土地本来の森をできるだけ残し、守り、また新たに、すべての市民のいのちと文化をつくる心、40億年一度も切れずに続いて現《げん》在《ざい》生きているあなたと、あなたの愛する人たちの遺伝子《いでんし》（DNA）を明日につなぐ緑のしとね（敷物《しきもの》）として21世紀の鎮守の森をつくっていきましょう。

鎮守の森（静岡市、護国神社）

■著者略歴　宮脇　昭（みやわき・あきら）

1928年、岡山県生まれ。広島文理科大学卒業。ドイツ国立植生図研究所研究員、横浜国立大学教授、国際生態学会会長などを経て、現在、横浜国立大学名誉教授、公益財団法人地球環境戦略機関国際生態学センター長。公益財団法人横浜市緑の協会特別顧問。著書に『植物と人間』（NHKブックス）『人類最後の日』（筑摩書房）『緑回復の処方箋』（朝日選書）『森よ生き返れ』（大日本図書）『あすを植える』（毎日新聞社）『いのちを守るドングリの森』（集英社新書）『苗木三〇〇〇万本　いのちの森を生む』（NHK出版）『木を植えよ!』（新潮選書）『鎮守の森』（新潮文庫）『4千万本の木を植えた男が残す言葉』（河出書房新社）『森はあなたが愛する人を守る』共著（講談社）『日本の植生』編著（学研教育出版）『次世代への伝言－自然の本質と人間の生き方を語る』共著（地湧社）『瓦礫を活かす「森の防波堤」が命を守る』（学研新書）『「森の長城」が日本を救う』（河出書房新社）など多数。70年毎日出版文化賞。73年サンケイ児童出版文化賞、91年朝日賞、92年紫綬褒章、96年日経地球環境技術大賞、2000年勲二等瑞宝章、06年ブループラネット賞を受賞。2021年7月逝去。

森は地球のたからもの１　**森が泣いている**

2007年11月22日　初版1刷発行
2023年４月20日　初版6刷発行

著者　宮脇《みやわき》　昭《あきら》
発行者　鈴木一行
発行所　株式会社　ゆまに書房
東京都千代田区内神田2-7-6
郵便番号　101-0047
電話　03-5296-0491（代表）

印刷・製本　株式会社シナノ
カバーデザイン　高嶋　昭
デザイン・イラスト　高嶋良枝

ISBN978-4-8433-2785-2 C0044